岩合光昭と動物園・水族館を歩く

はじめに

ヒトはなぜ、動物園・水族館に行くのでしょうか。

ぼくがはじめて動物園に行ったのは、4歳くらいの時ですが、

「えー、こんなに大きいんだ」

と、はじめてゾウを見た時の感動を今でも覚えています。動物や魚の実際の大きさや仕草、息遣いというのは、本や写真では、わからないものですから。

ところが、せっかく本物の動物たちが目の前にいるのに、ひとつの獣舎の前にいる平均滞留時間はたった3分なんだそうです。もしかしたら、すべての動物をちょっとずつ見て、満足してしまっているのかもしれません。まるでスタンプラリーのように。だとしたら、それは非常にもったいないことです。

動物園・水族館には、それぞれ個性があります。イキイキとした動物たちを観賞してもらうために工夫を凝らしていたり、

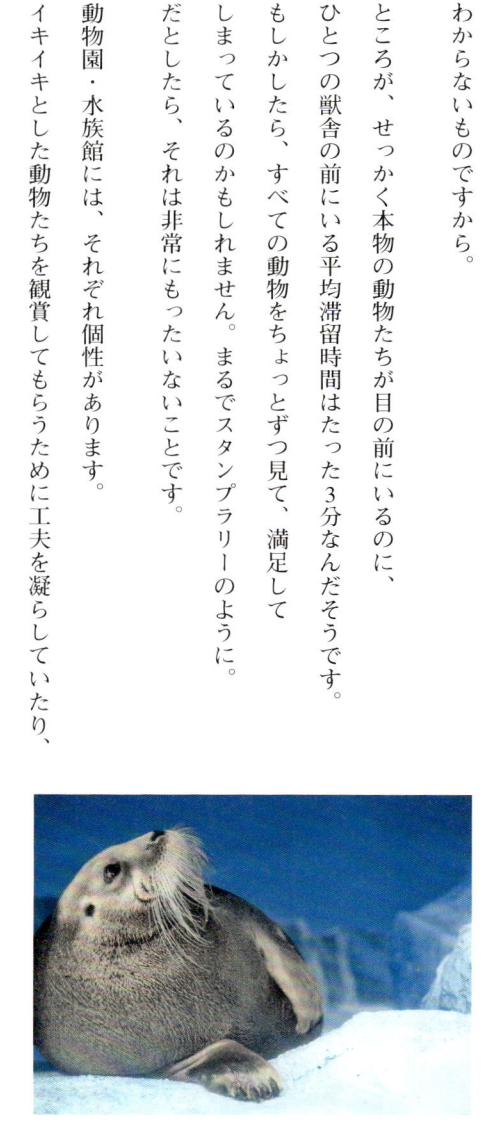

年老いた動物に深い愛情を与えている姿が見られたり、魚の習性を知り尽くしているからこそできる展示をしていたり……。

本書は、Digital Iwagoというホームページの「日本の動物園・水族館」という連載を大幅に加筆改訂し、さらに施設を追加して一冊にまとめました。ぼくが撮影をして気がついたそれぞれの園の特徴と撮影のポイントを紹介しています。撮影は2009年からはじめました。なかには現在は展示されていない動物もいますが、施設の許可をいただいて、その旨を明記しつつ、いくつか掲載しています。

生きものが生死を絶えず繰り返していること──。そのことも知っていただきたかったのです。

ヒトはなぜ、動物園・水族館に行くのか。その答えは、動物園・水族館に行くのが楽しいからでしょう。視点を少しだけ変えれば、もっと面白くなります。動物園・水族館の個性を知り、さらには動物たちの個性を知り、「こんな動物たち見たことない！」といった感動を手にしていただけるようなきっかけの一端を、本書が担えれば幸いです。

岩合光昭

もくじ

2　はじめに

chapter 1
北海道・東北

8　旭山動物園
14　札幌市円山動物園
18　のぼりべつクマ牧場
20　仙台市八木山動物公園

chapter 2
関東

26　恩賜上野動物園
32　多摩動物公園
38　サンシャイン水族館
40　井の頭自然文化園
42　東京都葛西臨海水族園
44　しながわ水族館
46　エプソン 品川アクアスタジアム
48　東武動物公園
52　鴨川シーワールド
54　よこはま動物園ズーラシア
60　新江ノ島水族館
62　横浜・八景島シーパラダイス

※本書の撮影機材は、オリンパスE5、12-60ミリ、50-200ミリ、300ミリを使用しています。

※記載の情報は、2013年3月末時点のものです。

chapter 3
中部・関西

70　鳥羽水族館

74　城崎(きのさき)マリンワールド

78　のとじま水族館

chapter 4
九州・沖縄

82　長崎バイオパーク

86　九十九島(くじゅうくしま)水族館「海きらら」

90　沖縄美(ちゅ)ら海水族館

94　おわりに

column
コラム

68　水族館の撮影のポイント

80　動物園の撮影のポイント

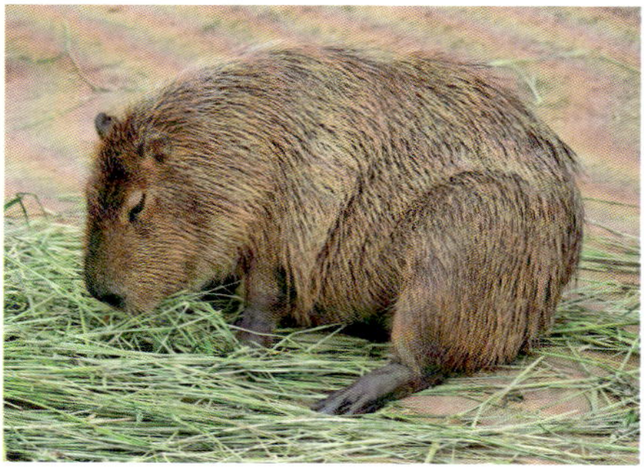

Chapter 1

北海道・東北

アムールヒョウ
Amur leopard

① 旭山動物園 …北海道・旭川市

北海道・東北

旭山動物園は、とても人気がある動物園です。ぼくが撮影のために訪れた日も、

カメラをまっすぐに見る目に思わず息をのみながらシャッターを切ります。

白い毛並みが雨雲に浮き立ちます。

ホッキョクグマ
Polar bear

ここに来たかったの！
動物たちを見るヒトの顔も輝く動物園

平日にもかかわらずたいへんな数のお客さんで賑わっていました。皆さんの表情がとてもいいのが印象的です。ここに来たかったの！とイキイキしています。

日本全国にはたくさんの動物園、そして水族館がありますが、旭山動物園のいったい何に皆さん惹かれるのでしょう。

園内を歩いていると、とても空が広いことに気づきます。もちろん、ほかの動物園に行っても空は広いのですが、旭山動物園に行くと、特にそういう開放感というものを感じるのです。山を切り開いて造っているから傾斜も多く、見晴らしがいいことも関係しているでしょう。

旭山動物園

9

北海道・東北

ボルネオオランウータン
Bornean orang-utan

地上17メートルを親子で綱渡りです。

赤ちゃんは緊張しているのかな。

シンリンオオカミ
Eastern timber wolf

オオカミとの距離が数十センチの超ワイドアングル。

動物園の規模でいうと、上野動物園のようなありとあらゆる動物がいる大規模な動物園ではありません。しかし、そこはしっかりと「行動展示」という方法で、動物たちのイキイキとした姿を見せることに成功し、とても魅力的な動物園に仕上げました。

ホッキョクグマが泳ぐ、ペンギンが泳ぐ、アザラシが泳ぐ、見ていてドキドキする動物たちの一瞬の動きを撮影できるチャンスがたくさんある動物園です。

旭山動物園

北海道・東北

ジェンツーペンギン
Northern gentoo penguin

泳ぐペンギンの動きに合わせてカメラを動かしています。

● 岩合さん直伝：撮影のポイント（1）

how to shoot #01

速い動きの動物の場合は一眼レフがベストですが、それが叶わないならば自分のカメラのタイムラグを知りましょう。「ここでシャッターを押すとこの辺で写る」とわかれば、チャンスを逃しません。また、たとえ速いシャッタースピードでも、カメラを被写体にしたがって動かすことで動物の動きを止めることができます。これはプロでも知らないことかもしれません。

息の合った二重奏。

フンボルトペンギン

Humboldt penguin

data

- 北海道旭川市東旭川町倉沼

☎ 0166-36-1104　**入園料**：大人(高校生以上)800円、小人(中学生以下)無料　※市民特別料金あり　**休園日**：年末年始を除き、開園期間中は無休　※開園期間外と年末年始は要問い合わせ

旭山動物園

北海道・東北

ワシの顔にも表情があります。

オオワシ
Steller's sea eagle

お客さんは
動物たちの応援団

② 札幌市 円山動物園
…北海道・札幌市

円山動物園を訪ねたのは風の強い肌寒い日でした。こんな時には来園者も少ないだろうと思っていましたが、園内は熱心な方々であふれていました。特にホッキョクグマの獣舎では、真正面の位置となればヒトの後ろから覗き込まなければ

14

望遠レンズで動きのアップを狙います。

ホッキョクグマ
Polar bear

母親の大きさがわかります。

札幌市円山動物園

ならないほどです。この写真は2008年に生まれた双子の兄弟です。ここはホッキョクグマの出産が多く、2012年の12月にも可愛い双子が生まれました。
お客さんがとてもあたたかいのです。みんなでホッキョクグマを可愛がっている、そんな雰囲気が獣舎の前に来ると伝わってきます。アットホームでいい雰囲気の動物園です。

北海道・東北

ホッキョクグマ
Polar bear

体のどこかが気になっているのでしょう。

● 岩合さん直伝：撮影のポイント（2）

how to shoot #02

クマは同じような動きの繰り返しが多いものですが、子グマと親グマを比べると違う動きをします。それはクマとして成熟していないから。そこを狙いましょう。子グマが動いている時に、目を離さず望遠レンズでその動きについていく。面白いことしそうだなっていうタイミングを逃さないこと。子グマの動きをよく見ていると何かするタイミングがわかるようになります。

ホッキョクグマ

Polar bear

頭上にロープがあると落ち着くのかな。

data
- 北海道札幌市中央区宮ケ丘3-1　☎ 011-621-1426　**入園料**：大人(高校生以上)600円、小人(中学生以下)無料　※札幌市在住の65歳以上や障害者手帳等をお持ちの方は入場料が減免　**休園日**：12月29日、30日、31日

札幌市円山動物園

まるでアラスカの川筋を見るようです。

エゾヒグマ
Hokkaido brown bear

標高550ｍの山頂にあるヒグマの楽園

③ のぼりべつクマ牧場

…北海道・登別市

温泉街からロープウェイに乗ってクマ牧場へと向かいます。地元では「クマ山」とも呼ばれており、秋になれば紅葉が見事でしょう。園内には野生ではなかなか見ることができないエゾヒグマたちがたくさん飼育されており、餌をあげたり、ショーを観賞することができます。これだけの集団でいてもやっぱりエゾヒグマ1頭1頭、個性豊かなところが興味深いですね。

北海道・東北

18

撮影には背景も重要な要素です。

エゾヒグマ

Hokkaido brown bear

data
- 北海道登別市登別温泉町224
- ☎ 0143-84-2225　**入園料**：大人2520円、小人（4歳から小学生以下）1260円　※ロープウェイ料金を含む　**休園日**：ロープウェイ年次点検期間、冬季

のぼりべつクマ牧場

● 岩合さん直伝：
撮影のポイント（3）

how to shoot #03

雄叫びのような姿を撮ろうと工夫します。投げ入れられた餌を食べようとしている瞬間です。見下ろす構図だとクマが小さくなってしまうので、動物の目線の下からカメラを構えましょう。上から見下ろす写真になりがちですが、探せば撮影ポイントはあります。あとはタイミングを待つだけです。

北海道・東北

④ 仙台市 八木山動物公園

…宮城県・仙台市

アミメキリン と シマウマ
Reticulated giraffe & Zebra

ホッキョクグマが、スマトラトラが
イキイキと暮らす動物園

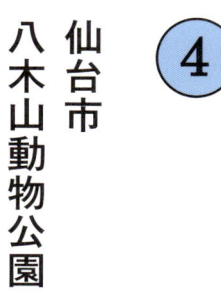

東北でいちばん大きな動物園です。もっとオーソドックスな動物園かと思って

上：2種の草食動物で画面が楽しくなります。

下：ホッキョクグマは頭だけでヒトの上半身くらいの大きさがあります。

20

鼻ですべてを確かめることができます。

アフリカゾウ
African elephant

いましたが、より楽しい展示をするためにリニューアルがどんどん進んでいます。ぼくが訪れたのは4月でしたが、小雪がぱらつくような空模様でした。

寒くても元気なのはロシアのレニングラード動物園からやってきたホッキョクグマのカイ君。大きなプールのある豪華な獣舎です。アクリルの窓を隔てて間近にやってきては、岩の上でポーズをとります。

スマトラトラも元気です。吠える声を聞いて駆けつけると、ちょうど岩の上から下りてきてまっすぐにカメラに向かってくるような迫力を見せてくれました。動物たちがイキイキしているのがいいですね。

仙台市八木山動物公園

北海道・東北

何かに夢中になっているときは絵になります。

アミメキリン
Reticulated giraffe

● 岩合さん直伝：撮影のポイント（4）

how to shoot #04

この枝ぶりが気に入ったらしく、ずっと舐めています。動物の普段とは違った行動というのはシャッターチャンス。この枝をメスが舐めていたのかなとか、そういうオスのキリンの性衝動みたいなものがあるのかなと想像をふくらませて見るのも楽しいですね。この様子を写真で伝えるにはアップでないとわかりにくいので望遠レンズを使って大胆に切り取ります。

スマトラトラ
Sumatran tiger

においによって顔がゆがむフレーメンと呼ばれる反応です。

ホッキョクグマ
Polar bear

確かめるために注目しています。

仙台市八木山動物公園

北海道・東北

カバと同じ目線の高さになってみます。

カバ

Hippopotamus

data
- 宮城県仙台市太白区八木山本町1-43　☎ 022-229-0631

入園料：大人400円、小人(小・中学生)100円　休園日：毎週月曜日(月曜日が祝日や振替休日にあたる場合は、その翌日が休園日)、12月28日から1月4日

仙台市八木山動物公園

24

Chapter 2

関東

⑤ 恩賜上野動物園

…東京都・台東区

関東

ジャイアントパンダ（シンシン）
Giant panda

上野動物園には、約500種もの動物がいます。週末はたくさんのヒトが2

上：まるであかんべをしているようです。

下：食事中はあまり動かないので撮りやすいでしょう。

ジャイアントパンダ（リーリー）

Giant panda

パンダは何をしていても可愛く見えてしまいます。

都会のオアシスで
美男美女を楽しむ

頭のパンダを見に来園します。
2011年2月に来園したリーリーとシンシンは、美しく可愛いパンダです。世界的にみてもこれだけの美男美女のカップルは少ないのではないでしょうか。
だから、どうやって美男美女に撮ろうかなって思って撮らなくても美男美女に写ってしまう。その辺が気軽に撮れます。

上野動物園は、獣舎の改修工事をしており、昔の動物園のイメージとは変わってきました。たとえば、「ホッキョクグマとアザラシの海」という施設などは、動物たちをいろいろな角度から見られるようになっていますし、ホッキョクグマが

恩賜上野動物園

ジャイアントパンダ（リーリー）
Giant panda

パンダの目は怖くはありません。

水中で見せるダイナミックな行動も間近で観察できます。

都会にいながらちょっと電車に乗れば、気軽に約500種もの動物を見られることが上野動物園の魅力でしょう。東京で暮らしていると、自然とふれあえる空間は少ないですが、ヒトには、ほっと息をつく場所が必ず必要なものです。まさに、上野動物園は都会のオアシスだと思います。

目線をくれるのは一瞬です。

ジャイアントパンダ(シンシン)
Giant panda

それぞれに熟睡の形が
あります。

恩賜上野動物園

関東

ジャイアントパンダ（シンシン）
Giant panda

竹の持ち方にも可愛さのヒミツがあります。

● 岩合さん直伝：撮影のポイント（5）

how to shoot #05

ここのパンダ舎はアクリルで覆われていますから、写り込みや反射が写らないように撮影するための工夫が必要です。ガラス面を見てみると写り込みが避けられる撮影ポイントが数か所ですがあります。撮影ショットが限定されてしまいますが、そこを見つけましょう。さらに、広角レンズではなく望遠レンズを使用すれば、余計な写り込みを避けられます。

まっすぐにカメラを見ています。

ジャイアントパンダ（リーリー）

Giant panda

data
- 東京都台東区上野公園9-83　☎ 03-3828-5171

入園料：大人（高校生以上）600円、小人（中学生）200円　※小学生以下と都内在住・在学の中学生は無料、65歳以上300円　**休園日**：毎週月曜日（月曜日が国民の祝日や振替休日、都民の日の場合はその翌日が休園日）、12月29日から1月1日

関東

ベニコンゴウインコ
Green-winged macaw

多摩の森の地形をいかした
自然あふれる動物園

⑥ 多摩動物公園

…東京都・日野市

上：目を細めるのはよい気持ちのあらわれかな。

下：ニホンコウノトリの羽が美しく輝きます。

コアラ
Koala

コアラは動くときにシャッターチャンスがあります。

多摩丘陵の地形に沿って造られた動物園です。広大な園内を歩いていると、木の種類、植物相を見ても、「多摩の森ってこうなんだ」と感じることができ、まるで自分が多摩の森を歩いているような気分になります。

実は、多摩動物公園は、昔から親しみがあります。娘が幼いときの思い出話をひとつ。「お腹が空いた」という娘に、斜面の上の食堂を指差すと、いきなり横の斜面を腹ばいになってよじ登ろうとしました。それくらいの丘陵がありますが、園内はシャトルバスも運行しているので足腰に自信がなくても楽しめます。

多摩動物公園

関東

ユキヒョウの鋭さを撮りたいと思います。

ユキヒョウ
Snow leopard

● 岩合さん直伝：撮影のポイント（6）

how to shoot #06

動物たちのいろんな動きを見せてもらうために、工夫を凝らしています。なかでもチンパンジーは、興味深い動きを見せてくれます。左ページ上の写真は、チンパンジーが枝の先をかじってブラシ状にし、アリの巣を模した入れ物の穴に通して、中にあるジュースを舐めとっている様子です。「何をしているんだろう？」と思ってもらえる写真を撮れれば、それは大成功ですよ。

チンパンジー

Chimpanzee

人口のアリ塚に茎を差し入れてジュースを舐めています。

チンパンジー

Chimpanzee

空抜きチンパンジーに原始を感じます。

関東

アムールトラ

Amur tiger

上：親子の顔が見えるタイミングがあります。

下：子のUターンのタイミングです。

光線の当たり方や背景を考えます。

ニホンイヌワシ
Japanese golden eagle

data
● 東京都日野市程久保7-1-1　☎ 042-591-1611　**入園料**：大人600円、小人（中学生）200円、65歳以上　300円　**休園日**：水曜日（水曜日が国民の祝日や振り替え休日、都民の日の場合はその翌日が休園）、12月29日から1月1日

多摩動物公園

関東

太陽がいっぱい。

アシカ
Sea lion

動物たちとの距離の近さを
感じることのできる都市型水族館

⑦ サンシャイン水族館

…東京都・豊島区

屋外のアシカが空を飛ぶ水槽のバックには高層ビルが見られます。テーマは「天空のオアシス」と謳うように、まさに都市型の水族館です。この水族館の良さといえば、アクリルを隔てて直近に生きものがいることです。アシカ・パフォーマンスタイムではステージから客席までの距離が手の届くような、息がかかるような近さなのが特徴的です。

38

毒のあるものは美しいといわれます。

ヤドクガエル

Poison frog

data
- 東京都豊島区東池袋3-1-3 ☎ 03-3989-3466　**入館料**：大人(高校生以上)1800円、小人(小・中学生)900円、 幼児(4歳から6歳)600円、65歳以上1500円　**休館日**：年中無休

サンシャイン水族館

● **岩合さん直伝：撮影のポイント(7)**

how to shoot #07

水槽の中の手前側に緑があり、中間のところにこのカエルがいました。ピントを2匹のカエルの1匹にあわせ、被写界深度を浅くして手前をボケさせています。このボケの効果とカエルの毒々しいまでの黄色とまるで鏡に映っているような並び方で、とても幻想的な写真に見えます。

関東

アジアゾウ
Asiatic elephant

きざまれた人参が美味しそうに見えるアングルを見つけます。

⑧ 井の頭自然文化園
…東京都・武蔵野市

思わず畏敬の念を抱く
心優しき動物園

ゾウのはな子さんは、1947年生まれ。長生きする動物がいるところは管理がいいのです。動物園の皆が細心の神経を使い、動物のことを考えている。はな子さんの場合なら、細かくニンジンをきざんで、食べやすいようにしてやっている。愛情をもらって暮らしているから、とても元気そうです。井の頭自然文化園は、随所にそういう優しさを感じさせてくれます。

40

ニホンリス

Japanese squirrel

リスと同じ高さで撮れるアングルを選びます。

data
● 東京都武蔵野市御殿山1-17-6 ☎ 0422-46-1100　**入園料**：大人（高校生以上）400円、小人（中学生）150円 ※小学生以下、都内在住・在学の中学生は無料、65歳以上200円　**休園日**：毎週月曜日（月曜日が国民の祝日や振替休日、都民の日の場合はその翌日が休園日）、年末年始

● **岩合さん直伝：撮影のポイント（8）**

how to shoot #08

望遠レンズを使用し、背景の緑を強調していかし、野生のリスのように撮ります。ここのリス園は、とても緑が豊かなのでそうやって撮れます。腕枕でリラックスしているリスの姿なんて、野生ではなかなか見られません。これも動物園ならではの心和むショットです。

井の頭自然文化園

関東

バーミリオン ロックフィッシュ
Vermilion rockfish

魚は上向きのほうが絵になるのかな。

⑨ 東京都 葛西臨海水族園

…東京都・江戸川区

まるで自分が水中にいるような浮遊感

　水中の演出が秀でた水族館です。ぼくは写真家なので、逆光ぎみで光が入っていたりすると、つい「綺麗だなあ」とカメラを向けたくなります。そういう意味でも光を使い、水の領域をいかして「水を魅せる」という演出が上手です。ただ単に魚を見に行くというだけじゃなくて、空間の中に、あたかも自分が水の中に入っていくような感覚にとらわれてしまいます。

アカシュモクザメが
ミステリアスです。

マイワシ と アカシュモクザメ と ツマグロ
Pilchard sardine & Scalloped hammerhead & Blacktip reef shark

data
- 東京都江戸川区臨海町6-2-3 ☎ 03-3869-5152　**入園料**：大人（高校生以上）700円、小人（中学生）250円　※小学生以下、都内在住・在学の中学生は無料、65歳以上350円
休園日：毎週水曜日（水曜日が国民の祝日や振替休日、都民の日の場合はその翌日が休園日）、年末年始

● 岩合さん直伝：
撮影のポイント（9）

how to shoot #09

光をいかして逆光で水泡、そして水の流れを見せる演出が上手です。水族館では魚を見に行くという固定観念があるためか、なかなかそういう見方はしませんが、水を見るという楽しみがある。そういう演出をいかして撮っています。ここでは望遠レンズは出る幕がありません。

東京都葛西臨海水族園

関東

カクレクマノミ
Clown anemonefish

クマノミの水槽はいつでも人気があります。

ちいさな子どもから大人までみんなで楽しめる水族館

⑩ しながわ水族館
…東京都・品川区

品川という土地に「この水族館あり」という印象を持ちました。ちょっと変形した建物の中に、多くの魚たちがバランスよく配置されています。

イルカのショーも、思わず「えーこんなところで？」と思うようなスペースですが、まったく遜色はありません。それどころか、距離が近い分、迫力があります。敷地内を工夫して、コンパクトにまとめあげています。

ゴマフアザラシ

Spotted seal

data

- 東京都品川区勝島3-2-1 ☎ 03-3762-3433　**入館料**：大人（高校生以上）1300円、小人（小・中学生）600円、幼児（4歳以上）300円、65歳以上　1200円　※品川区民特別料金あり　**休館日**：毎週火曜日、1月1日　※春休み、GW、夏休み、冬休み、年末は休まず営業

しながわ水族館

体の紋様のデザインが興味深いですね。

● 岩合さん直伝： 撮影のポイント（10）

how to shoot #10

アザラシの速い動きも面白いけど影の動きにも写欲をそそられます。なかなか影が写り込むような光の強さというのはないのですが、ここは自然の光と影の演出がとても活きていました。この背景では影がないと標本写真のようになってしまいます。影も気にすると、また違った写真が生まれます。

関東

ドクウツボ
Giant moray

正面から顔を見るアングルはどうですか。

⑪ エプソン 品川アクアスタジアム
…東京都・港区

ダイナミックなショーと大胆な光の演出で魅せられる

ダイナミックなイルカのショーが人気の水族館です。水槽が色鮮やかです。光の演出の効果をよく考えていてライティングされているので、ウツボの顔を見ていても「何を考えているんだろう」と、吸い込まれるようにアップで撮影してしまいました。この光の演出が、つい被写体が何かを見せてくれるんじゃないかと思わせるのです。

アカネハナゴイ

Peach fairy basslet

人工的な光の演出をそのままに撮ります。

data

- 東京都港区高輪4-10-30 ☎ 03-5421-1111　**入館料**：大人（高校生以上）1800円、小人（小・中学生）1000円、幼児（4歳以上）600円　**休館日**：年中無休

エプソン 品川アクアスタジアム

● 岩合さん直伝：
撮影のポイント（11）

how to shoot #11

ウツボは、正面狙いです。魚の両目を撮影するにはチャンスを待つしかありません。普段はあまり見られないような角度から撮影すると、思ってもみなかったような表情が生まれます。ここは、色彩豊かな演出があるので、見た目の美しさをそのままに撮影します。

関東

⑫ 東武動物公園

…埼玉県・南埼玉郡宮代町

ベニイロフラミンゴ
American flamingo

最近の動物園では、その動物が野生ではどんな暮らしをしているのかをパネル

上：フラミンゴの赤と背景の花の色を合わせます。

下：水を飲んでいるときには美味しそうに撮りましょう。

48

ホワイトタイガー（ベンガルトラの白変種）
white tiger

長い舌の動きにシャッターチャンスありです。現在は若い世代に交代しています。

若いホワイトタイガー
2頭が新登場！

や飼育係によって解説するところが増えています。ライオン舎からホワイトタイガー舎へ行こうとしたときのことです。途中にあるパネルに目が留まり、よく見るとなんとぼくが撮ったライオンの写真でした。

さて、ホワイトタイガーですが、園内には白虎神社があります。時期になると開運・受験生応援などで人気が高いそうです。また夏はアトラクションとしてプールに迫力のダイビングをするホワイトタイガーが大人気です。

ホワイトタイガーのトラらしい鋭さを見せてくれるシャッターチャンスを待ち、顔のアップを狙います。

東武動物公園

関東

メスの動きをオスが追います。

ライオン
Lion

● 岩合さん直伝：撮影のポイント（12）

how to shoot #12

ライオンの繁殖期だったので、この2頭の真剣な恋の様子をじっと見ながらの撮影です。左の写真は交尾をした後です。写真を撮りながらストーリーを作り、メスとオスの動きを追いながら撮影した1枚です。組み写真にしたらどういうお話になるかと考えながら撮影するのは楽しいものです。ちなみに、飛んでいるチョウチョもカップルです。

見ていないようでもオスはメスの
動きに反応しています。

ライオン

Lion

data
- 埼玉県南埼玉郡宮代町須賀110　☎ 0480-93-1200　**入園料**：大人（中学生以上）1500円、小人（3歳以上）700円、シニア（60歳以上）1000円　**休園日**：月曜日（6月1日から30日）、月曜日・火曜日（1月から2月、12月）※当日が休日または小・中学校冬休みの場合は営業、12月31日から1月1日

東武動物公園

関東

南極海を思い浮かべながら撮ります。

キングペンギン
King penguin

目の前は広大な海
創意工夫あふれる水族館

⑬ 鴨川シーワールド

…千葉県・鴨川市

日本ではじめてシャチを飼育した鴨川シーワールド。ここは、ダイナミックなシャチのショーが有名です。海をバックに見るショーは迫力満点。海のそばですから、立地条件が素晴らしいんですね。

夏の間は、ナイトアドベンチャーとして、普段見ることのできない夜の水族館の様子が観察できたり、さまざまな創意工夫をしている水族館です。

北極の海中を想って撮ります。

セイウチ
Walrus

data
- 千葉県鴨川市東町1464-18
- ☎ 04-7093-4803　入園料：大人（高校生以上）2800円、小人（4歳から中学生）1400円、65歳以上1960円　休園日：2013年12月10日から12日（2014年2月16日以降は要問い合わせ）

鴨川シーワールド

● 岩合さん直伝：
撮影のポイント（13）

how to shoot #13

夕方の光が斜めに入りセイウチの顔を照らします。「いい光が来たなあ」とファインダーを覗くと、セイウチもこちらを覗き込んできます。動物を立体的に見せるためには、光の演出が不可欠です。このヒゲと目と鼻の凸凹感は光の量が十分ないと出せないため、望遠レンズで切りとっていきます。

関東

背景の演出が効果的です。

チンパンジー
Chimpanzee

見つける喜びにあふれる
自然動物園

ズーラシアは世界の気候や地域別に動物たちが分けられています。アフリカの熱帯雨林、オセアニアの草原、アマゾンの密林など、いちばん感心したのは見るヒトに動物の生息環境を思い起こさせるように植物相にも演出が行

⑭ よこはま動物園 ズーラシア

…神奈川県・横浜市

54

密林のように見える位置を探します。

スマトラトラ
Sumatran tiger

き届いていることです。

また、動物園の未来像のひとつである種の保存を行うべき希少動物が展示されています。たとえば、オカピやドゥクラングールなどの野生ではほとんど見られないような動物の繁殖を目的とすることも動物園の重要な役割となっていくでしょう。

それぞれの動物たちは広い飼育施設にいます。堀や金網越しに覗いてもどこにいるのだろうということもありますが、それがかえって動物たちの居心地の良い場所を知る上での楽しい探索の時間となります。

ぼくはカワウソを探すのが楽しかった。広さがあって、隠れていますから、最

よこはま動物園ズーラシア

セスジキノボリカンガルー
Goodfellow's tree kangaroo

関東

プレゼントを差し出しているというイメージです。

初の1時間ぐらいはカワウソがどこにいるか見つかりませんでした。そういう動物園って素敵だなって思います。ポッと現れたときに、「なんだ、そこに隠れていたのか！」、「動物ってそうか、居心地がいいところに隠れているんだな」、「自分を隠す術（すべ）に長（た）けているんだな」って。

見る側が見つけたときの嬉（うれ）しさ、喜びにつながる演出方法です。

ベニジュケイという珍しいキジを灌木（かんぼく）の下で見つけたときもそうです。灌木の下にいるため、自分の体をかがめて見ないとわからない。でも、灌木の下でそういうハッとする美しさを見せてくれる。「隠れてた

56

アカカンガルー

Red kangaroo

アカカンガルーのメスの子はブルーグレー色の体毛です。

背中をこすり付けるのはマーキングです。

の?」。そういう発見が、ズーラシアには、憎いくらいにありました。

よこはま動物園ズーラシア

関東

灌木の下の息をのむ美しさです。

ベニジュケイ
Temminck's tragopan

● 岩合さん直伝：撮影のポイント(14)

how to shoot #14

羽を広げるディスプレイ（誇示）行動をしていたけれど、すぐに閉じてしまったので次に広げてくれるまで20分くらい待ちます。「これだ」と思うような行動をしていたら、待ってみましょう。一度見たことは繰り返し見せてくれることが多いので、這いつくばってでも待ちましょう。

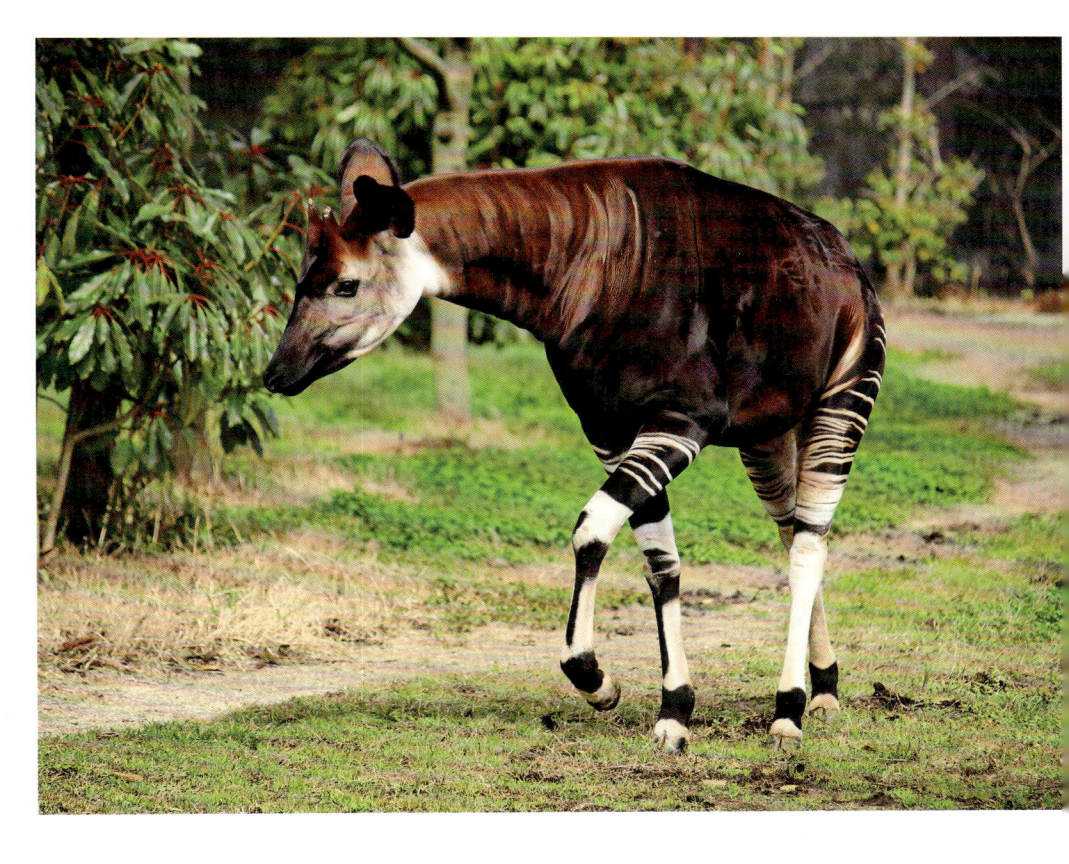

オカピ
Okapi

動きには美しさがあります。

ヤブイヌ
Bush dog

動きにはリズムがあります。

data
- 神奈川県横浜市旭区上白根町1175-1 ☎ 045-959-1000
入園料：大人（18歳以上）600円、中人（高校生）300円、小人（小・中学生）200円　**休園日**：毎週火曜日、12月29日から1月1日

よこはま動物園ズーラシア

関東

どうしても顔に注目してしまいます。

オオカミウオ
Bering wolffish

当たり前ではないことを
当たり前に見せる抜群の演出

⑮ 新江ノ島水族館
…神奈川県・藤沢市

　歴史ある水族館だけに、魚のことをよく知り尽くしています。ぼくがいちばん驚いたのは、相模湾を再現した大水槽のマイワシ群です。こうやって魚が動くだろうなって予想して造ったとしてもなかなか動かないものです。よほど魚のことを知っているヒトが造っているのでしょう。
　お客さんの目に違和感なく自然に飛び込んできます。その演出方法は抜群です。

60

パシフィックシーネットル

Sea nettle

クラゲを撮るときにはクラゲのように動こう、という気持ちになります。

data
- 神奈川県藤沢市片瀬海岸2-19-1 ☎ 0466-29-9960　入館料：大人2000円、中人（高校生）1500円、小人（小・中学生）1000円、幼児（3歳以上）600円　※各種電鉄乗車券提示での入場料金割引あり
休館日：年中無休

新江ノ島水族館

● 岩合さん直伝：
撮影のポイント（15）

how to shoot #15

この画角※だとクラゲが何匹入る？　と考えながらのクラゲの撮影は、まさに「切り取り」の作業です。画角の設定次第でコンポジション（構図）が取りやすかったり、自分の考えている絵のように撮れたりします。同じ写真は2度と撮れませんが、自分が絵かきになったつもりで楽しんでください。

※レンズで明瞭に撮影できる範囲の角度。

関東

アオウミガメ
Green turtle

水槽の仲間が背景にいるアングルを選びます。

ショーのレベルが高い
エンターテインメント施設

⑯ 横浜・八景島
シーパラダイス

…神奈川県・横浜市

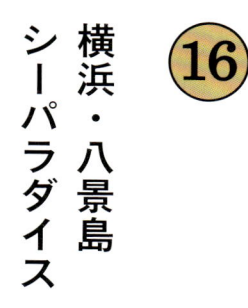

遊園地やショッピングエリアもある八景島。なかでも「アクアリゾーツ」は、4つの施設からなる日本最大級の水族館です。海の生きものたちを総合的に知ることができる日本最大級の水族館「アクアミュージアム」、イルカたちと癒やしのひとときを過ごせる「ドルフィンファンタ

62

カリフォルニアアシカ と セイウチ

California sea lion & Walrus

上：巨大水槽前でのショーのワンシーンです。

下：投げキスのパフォーマンスです。

ジー」、さまざまな海の生きものたちとふれあえる「ふれあいラグーン」、遊んで学べる「うみファーム」があります。

なかでもアクアミュージアムの施設「アクアスタジアム」で、カマイルカ、バンドウイルカ、カリフォルニアアシカ、セイウチ、シロイルカ、ケープペンギンが行うショーの演出は見事です。

大きな水槽にジンベエザ

横浜・八景島シーパラダイス

カリフォルニアアシカ

California sea lion

バランス感覚抜群で狭いアクリルの上もスイスイ。

メが泳いでいたり、フラダンサーが出てきて、一緒にパフォーマンスをしたりと、ちょっとコミカルなことも演出しています。
海獣たちの訓練もしっかりやっているのでしょう。ショーとしてのレベルが相当高いと思います。

シロイルカ
Beluga White whale

可憐にも見える動きも見せてくれます。

アオリイカ
Bigfin reef squid

イカたちの水中泳法に見とれます。

横浜・八景島シーパラダイス

屋外水槽なので光量はたっぷりです。

アリゲーターガー

Alligator gar

● 岩合さん直伝：撮影のポイント（16）

how to shoot #16

63ページの写真は、セイウチとアシカがキスをするというパフォーマンスです。これは背景の処理が重要です。背景の水槽のヘリが写ってしまうとこの線はなんだろうと思われてしまうし、下を入れたら台が写ってしまう。右側には飼育の女性が立っていますが画面の外に出てもらうなど、画面の整理をしながら撮ります。

正面から狙ってみます。

マンボウ
Ocean sunfish

data
- 神奈川県横浜市金沢区八景島　☎ 045-788-8888　**入場料**：アクアリゾーツパス　大人（高校生以上）2900円、小人（小・中学生）1700円、幼児（4歳以上）850円　65歳以上2400円　※プレジャーランドとのセットのチケットもあり　**休園日**：年中無休　※要問い合わせ

横浜・八景島シーパラダイス

水族館の撮影のポイント

about aquarium

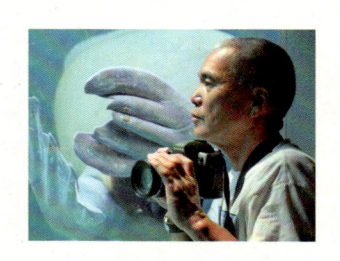

● 動物園は屋外が多いので、雨や風といった天気にどうしてもヒトの動きが制限されてしまいますが、その点、屋内展示の水族館には天候の心配はありません。ぼくはネコを撮影するために、よく地方に行くのですが、撮影をしていても雨模様のときにはネコは隠れてしまう。そういう日には水族館に行きます。だから、ぼくが水族館に行く日と決めているのは、雨模様のときが多いのです。

● 水族館の良いところは、一日中人工の光が活かされているので日の光などを気にすることがないことです。そのため、撮影する時間帯も選ばない。そういう意味では、水族館は撮影しやすい場所かもしれません。唯一、時間というキーワードで気にしたほうがいいことがあるとするなら、餌やりの時間です。餌を求めてたくさんの魚が集まってきますので、そこは格好のシャッターチャンスです。

● 水族館での撮影は、水槽の歪みとの闘いです。しかし、現代の水族館の水槽は、歪みの少ないアクリルを使用していますから、昔に比べると格段に撮影はしやすくなっています。とはいえ、やっぱりレンズを水槽から斜めにしたりするとどうしても蛍光灯や非常口のランプ、ヒトの姿が写り込んでしまいます。これを避けるためには、レンズの向きを水槽に向かってまっすぐにすること。もうひとつ忘れてはいけないことが、自分の写り込みです。

● 写真に自分が写るときは、少しレンズを引いている場合が多い。写真を見て、「何だろうこの白は？」なんてよくよく見てみると自分のシャツだったりするのです。特に明るい色の服は写り込みが激しいので、その辺は気をつけなくてはいけない。水族館での撮影には黒っぽい服を着ましょう。できれば、黒い手袋も持っていったほうがいい。黒装束になるといいですね。

Chapter 3

中部・関西

中部・関西

水槽が濁るのも当たり前のような食欲です。

ジュゴン
Dugong

海獣飼育のオーソリティ
希少動物のジュゴンに会える！

海棲哺乳類（海獣）の飼育に力を入れており、ラッコ、ジュゴンやアフリカマナティ、イロワケイルカなどたくさんいます。なかでもジュゴンの飼育は大変難しく、世界でも飼育施設は4か所のみ。日本では、鳥羽水族館だけです。

⑱ 鳥羽水族館

⋯三重県・鳥羽市

70

アフリカマナティー
African manatee

上：ウチワ形の尾ビレが独特です。

下：ワニを見ていると歯の嚙み合わせが良いなと思います。

ジュゴンのような大きな動物を撮影するときに、気をつけていることはアクリル板の反射による館内の写り込みです。できるだけレンズをアクリル面に近づけて撮影します。ただ、近づけすぎることはアクリル面を傷付ける恐れがありますから避けます。また、カメラはアクリル板に対してできるだけまっすぐにすれば、アクリル板の歪みを撮り込まないですみます。

鳥羽水族館

中部・関西

ジュゴンの接近です。

ジュゴン
Dugong

● 岩合さん直伝：撮影のポイント（18）

how to shoot #18

ジュゴンやマナティなどの哺乳動物と魚類の泳ぎ方の違いってご存じですか？　哺乳動物というのは腰を使い尾を上下に動かします。一方、魚類はサメのような大きな魚でも必ず左右に尾が動きます。腰の動きが上下だと、正面からの写真が撮りやすいかもしれません。マナティやジュゴンは、意外に目が小さく見えます。正面から、そのつぶらな瞳を狙ってみます。

イロワケイルカ

Commerson's dolphin

体長約150センチとイルカの仲間では小型です。

data
- 三重県鳥羽市鳥羽3-3-6　☎ 0599-25-2555

入館料：大人（高校生以上）2400円、小人（小・中学生）1200円、幼児（3歳以上）600円、シニア割引（60歳以上）2000円　**休館日**：年中無休

鳥羽水族館

中部・関西

トド
Steller sea lion

迫力あるダイビング。

⑲ 城崎マリンワールド

…兵庫県・豊岡市

セイウチと飼育係のツーショット。

小魚の位置がアクセントになります。

ニセゴイシウツボ
Black-spotted moray

イルカと握手は当たり前
釣った魚を天ぷらでいただけるのは日本でもここだけ！

雨が降っている日に訪問しました。魚を観賞するという水族館の枠にはまらない、つまり「水族館以上」であるということが城崎マリンワールドの皆さんが考えるテーマだそうです。

イルカと握手したり、泳いだりすることも希望者があればトライできますし、「アジ釣り」もできます。なんと釣ったアジは、その場で天ぷらにして、いただくそうです。

ぼくはセイウチとトドのダイビングに魅せられましたが、ショーの内容も1年ごとに変えていくとか。リピーターにも飽きさせない工夫を凝らしています。

城崎マリンワールド

中部・関西

セイウチ
Walrus

● 岩合さん直伝：撮影のポイント（19）

how to shoot #19

水中は実際よりも体が大きく見えます。大きな体の生きものの全身を写すには、広角レンズが必須です。被写体が至近距離の場合は広角レンズでも入りきらないので距離感も大切です。光の屈折の仕方によって体の見え方も違います。これだという位置とタイミングを狙いましょう。

セイウチ

Walrus

右：野生のセイウチではお目にかかれない姿です。

左：息継ぎの一瞬。

data
- 兵庫県豊岡市瀬戸1090　☎ 0796-28-2300　**入園料**：大人2400円、小人（小・中学生）1200円、幼児（3歳以上）600円
休園日：年中無休

城崎マリンワールド

中部・関西

魚も正面から見ると表情豊かです。

エビスダイ
Deepwater squirrel fish

⑳ のとじま水族館
…石川県・七尾市

ジンベエザメが悠々と泳ぐ体験型水族館

日本海側最大の水槽である「ジンベエザメ 青の世界」では日本海側で唯一の展示となる2匹のジンベエザメが悠々と泳いでいます。一方で、「海の自然生態館」にある「魚の群れと海藻の海」の水槽ではマイワシの群れの速い動きにも魅せられました。ほかにもイルカやアシカのショー、ペンギンのお散歩など人気があるそうです。

78

表情だけでなく模様なども違って見えます。

クマノミ
Anemonefish

data
- 石川県七尾市能登島曲町15-40
- ☎ 0767-84-1271　**入館料**：大人1800円、小人（3歳以上中学生以下）500円　**休館日**：12月29日から31日

のとじま水族館

● 岩合さん直伝：
撮影のポイント（20）

how to shoot #20

魚は、真正面が撮りにくいので魚の動きを見ながらカメラを構えてください。何回か見ていると、「ここで真正面を向くんだな」とわかります。こうしてカメラの位置を決めると正面を撮りやすくなります。複数のクマノミもイソギンチャクのどこから顔を出すのかを見計らって撮影しています。

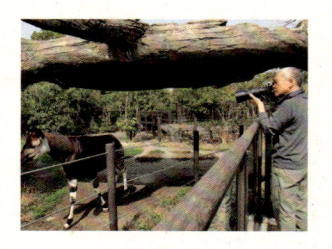

動物園の撮影のポイント

about zoo

- 動物園に行くと、あれもこれもと欲張りになってしまうものです。日頃から、動物園側のインフォメーションに気をつけていると、今はこの動物がウリだというのが必ずあります。赤ちゃんの誕生などはニュースでも取り上げられていますし、園内でも放送されています。そういうことに普段から耳を傾け注意をする。意外かもしれませんが、それがとっておきの写真を撮るためのポイントになります。
- 次に、この動物がいいと思ったら、そこに30分は割き、滞留時間を長くしてみてください。そして、自分はなぜその動物を気に入ったのかということを、情熱を傾けて探すこと。ぼくの場合は、目がいいとか、足の動きがいいとか、雄々しいなとか、そうやって選んでいます。いい写真になるかどうかは動物様次第。だから動物をよく見ること。とにかくよく見ましょう。
- 動物園での撮影でありがちなのが、壁やフェンスなどの障害物が写り込んでしまうこと。写真を見たときに、障害物があるとどうしてもそこに目が行ってしまうものです。写真を見ていただくときに、この写真を撮ったヒトが何を見て撮ったのかということが、見てもらうヒトに伝わらないと何も伝わりません。「なんとなく可愛い」って思って撮影しても可愛く写らないものです。ファインダーを覗きながら「自分が見て欲しいのはここだ！」というところをちゃんと意識して撮りましょう。
- そのためにはレンズ選びが大切です。ぜひ300ミリくらいまでの望遠レンズを使ってみてください。望遠レンズを使うことで、自分の見せたい部分に近寄ることができます。ちなみに、ぼくが動物園、水族館の撮影で使用するレンズは、以下の3本です。いちばん使用頻度が高いのが、12-60ミリ。さらに50-200ミリ、300ミリのレンズがあれば、ショーなどにも対応できます。最近のカメラはISOが高く設定できるので、ストロボや三脚などは必要ないかもしれません。

Chapter 4

九州・沖縄

こんな仲睦まじいところはアマゾンの密林ではなかなか目撃できません。

カピバラ
Capybara

近くでふれあえる
動物園&植物園

㉑ 長崎バイオパーク

…長崎県・西海市

カピバラが足元に近寄ってきます。頭上からはリスザルが目前の枝に飛び降りてきます。長崎バイオパークでは檻の中の動物を見せる「標本展示」とは違う、動物が生活している本来の生態系になるべく近づけるために造り上げられた「生態展示」を取り入れているそうです。ここでは動物と

九州・沖縄

アライグマ

Raccoon

上：アライグマには水辺が似合います。

下：「ラマの岩山」の構築はバイオパークの努力のたまものです。

の距離が近く、カメラの構図をスッキリさせるために檻や柵をいかに入れないようにするかというアングルなどの工夫は、最小限でいいのです。その分、動物の動きに目を集中することができます。動物もヒトに対して、見られているという一方通行的な意識はしていないようです。その動物らしさを動きの中に発揮してくれているようです。

長崎バイオパーク

九州・沖縄

クロキツネザルの神秘さが暗い背景によって強調されます。

クロキツネザル
Black lemur

● 岩合さん直伝：撮影のポイント（21）

how to shoot #21

写真を撮るヒトが、その動物が野生で暮らしている場所を想いながら、「マダガスカルの森の中ではこうやって目をらんらんとさせて生きているんだろうな」とか、想像力をふくらませて撮るのがポイントです。想像力を豊かにして撮った写真は、あたかも自然の中で撮ったようです。遠いマダガスカルの森が、この黄色い目に写っているように思ってくれたらいいですよね。

コアリクイ

Lesser anteater

コアリクイの舌の動きをねらってみます。現在は展示されていません。

data
- 長崎県西海市西彼町中山郷2291-1
- ☎ 0959-27-1090　**入園料**：大人1600円、中人（中・高校生）1000円、小人（3歳から小学生）700円、60歳以上1000円　**休園日**：年中無休

長崎バイオパーク

九州・沖縄

ミズクラゲ
Moon jelly

㉒ 九十九島水族館「海きらら」
…長崎県・佐世保市

208の島々が点在するロケーションの中にある地域密着型の水族館です。イ

上：色彩の演出のままに撮ります。

下：ボールを操るのが上手です。

86

ミズクラゲ

Moon jelly

水槽が暗いときには、しばらく目をつむってから撮ると、見やすくなります。

九十九島の豊饒（ほうじょう）の海がわかる地域密着型水族館

ルカたちの泳ぐプールも魅力的ですが、何といっても人工的なライティングで独特の世界を演出しているクラゲシンフォニードームには魅せられました。周辺の海では約100種類のクラゲが確認されているそうです。

水槽によって照明の明るさが違っています。クラゲの動きを撮りたいのでカメラの感度を上げながらそのクラゲらしい一瞬を探しての撮影となります。そのうちカメラを構える自分の動きがクラゲのようにクニャクニャしてくることに気がつきます。水の流れにふわふわと漂うクラゲを見ていると静かな平穏を感じます。

九十九島水族館「海きらら」

アカクラゲ
Northern sea nettle

横にクラゲが動くときには横にカメラを振ります。

九州・沖縄

● 岩合さん直伝：撮影のポイント（22）

how to shoot #22

形の面白さと泳ぎの面白さ、そして光の演出。クラゲにハマるヒトが多い理由がわかるような気がします。真っ暗な水槽にミズクラゲの幼体が数十秒間隔で強弱のライティングがされていますが、一番明るくなったときにシャッターを切ります。水槽に対してまっすぐにレンズが向くように構えましょう。そうすることで、アクリル面の写り込みを避けることができます。

タコクラゲ

Spotted jelly

クラゲが上に動くときには背伸びしてでも付いていきたくなります。

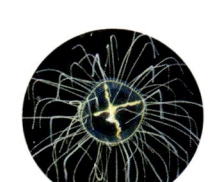

data
- 長崎県佐世保市鹿子前町1008
- ☎ 0956-28-4187　**入館料**：大人（高校生以上）1400円、小人（4歳から中学生）700円、70歳以上1200円　※市民料金あり　**休館日**：年中無休

九十九島水族館「海きらら」

クロウミガメ

Black turtle

大きい、と思ったので画面からはみ出したままで撮ってみます。

お客さんもインターナショナル
水族館もインターナショナル

㉓ 沖縄美ら海水族館

…沖縄県・国頭郡本部町

九州・沖縄

ジンベエザメの泳ぐ水槽の前には、たくさんの人だかりです。大変人気のある水族館です。海外からのお客さんも多く、水族館のレベルも高い。まさにインターナショナルな雰囲気です。沖縄という土地柄もあり、開放感があるので水槽の中にいるジンベエザメを見ても、一瞬、海の中にいるよ

オキゴンドウ
False killer whale

上：息遣いまで聞こえてくるようです。

下：ジンベエザメの大きさはヒトと比べてみるとわかります。

うな錯覚におちいるほどです。水槽の大きさ、そしてそれを見るお客さんの中にも空気の密度というものがあります。館内は、自然に笑い声が響いてくる。自然に笑顔があふれている。水だけじゃなくて空気感も施設の一部として考えなくてはいけない。そこがうまくいっている水族館です。お客さんもその空気に包まれているわけですから。

沖縄美ら海水族館

91

九州・沖縄

歯を見せて強面になっているようです。

サザナミフグ
White-spotted puffer

● 岩合さん直伝：撮影のポイント（23）

how to shoot #23

ジンベエザメの巨大水槽は大勢のヒトで賑わっています。撮影をする際に、ヒトの動きに惑わされないことが大切です。つい大きいとか珍しいと人気があるとかにまどわされると自分の好みに迷いが起きてしまいます。マイフェイバリットを探すことが「いい写真」を撮る近道です。ぼくは91ページのオキゴンドウを好きになってたくさんシャッターを切ります。

ジンベエザメ

Whale shark

大きな魚を見る小さな魚の反応まで表現できたらいいですね。

data
- 沖縄県国頭郡本部町字石川424（海洋博公園内） ☎ 0980-48-3748　**入館料**：大人1800円、中人（高校生）1200円、小人（小・中学生）600円　※16時から入館すると割引あり　**休館日**：12月の第1水曜日とその翌日

沖縄美ら海水族館

おわりに

もう日も暮れはじめ撮影を終えて出口へ向かって歩いていたとき、ぼくの目に飛び込んできたのは、1頭のセイウチでした。

「あ、なんだか面白いな」

と思って夢中でシャッターを切りました。

この1枚というのは、その人それぞれに必ずあるものです。たくさん撮って、上手に撮れた写真がほかにあっても、「でも私はこの1枚がいちばん好き」っていう1枚が絶対にあるはずなんです。

そういう写真は、決して目指している写真ではなくて、偶然のチャンスであり出来事がもたらすもの。光の当たり方、そのときの顔の表情……。自分が意図しない美しさにのまれたとしか言いようがありません。

撮影した日は、ずっと寝床につくまで、このセイウチの表情が脳裏を離れませんでした。

つまり、気にいったのです。

「自分はセイウチに似ているかもしれない」とまで思ったくらいですから。これは、衝撃的でした。

ぼくがよく言われるのは、

「あの写真いいですねぇ」という褒め言葉です。

「あの番組がよかった」と言われても、

「あのショット（ビデオ）がいいですね」とはなかなか言われません。

同じ撮影でも、ビデオは画像が流れていく。

一方で、瞬間を止めるということが写真の価値でヒトの印象って、瞬間を止めた「写真」のほうが記憶に長く残るものなのです。

不思議ですね、ヒトの記憶のあり方っていうのは。

動物園・水族館へ行くと、写真を撮っているヒトをたくさん見かけます。

皆さん、記憶を形に残したいのでしょう。

思わず「撮りたい」「残したい」と思わせる場所が動物園・水族館です。

そんな楽しいひと時の、とびっきりの１枚を読者の方が残せますように。

岩合光昭

岩合光昭（いわごう・みつあき）

1950年東京生まれ。地球上のあらゆる地域をフィールドに撮影を続ける動物写真家。「ナショナルジオグラフィック」誌の表紙を2度にわたって飾るなど、全世界で高い評価を得ている。79年度木村伊兵衛写真賞受賞、85年日本写真協会年度賞、講談社出版文化賞。著書に、『ネコを撮る』『パンダ通』（ともに朝日新書）、『ぱんだ』（クレヴィス）、『ネコに金星』（新潮文庫）など多数。

写真（P20下、P68、P80、P94）　岩合日出子

ブックデザイン　　　紀太みどり（tiny）
校正　　　　　　　くすのき舎　小林章子
編集　　　　　　　三島恵美子

岩合光昭と動物園・水族館を歩く

2013年4月30日　第1刷発行

著者　　　岩合光昭
発行者　　市川裕一
発行所　　朝日新聞出版
　　　　　〒104-8011　東京都中央区築地5-3-2
　　　　　電話　03-5541-8832（編集）
　　　　　　　　03-5540-7793（販売）
印刷・製本　大日本印刷株式会社

© 2013 Mitsuaki Iwago, Published in Japan
by Asahi Shimbun Publications Inc.
ISBN 978-4-02-251069-3

定価はカバーに表示してあります。
落丁・乱丁の場合は弊社業務部（電話03-5540-7800）へご連絡ください。
送料弊社負担にてお取り替えいたします。